# 都電・荒川線案内図

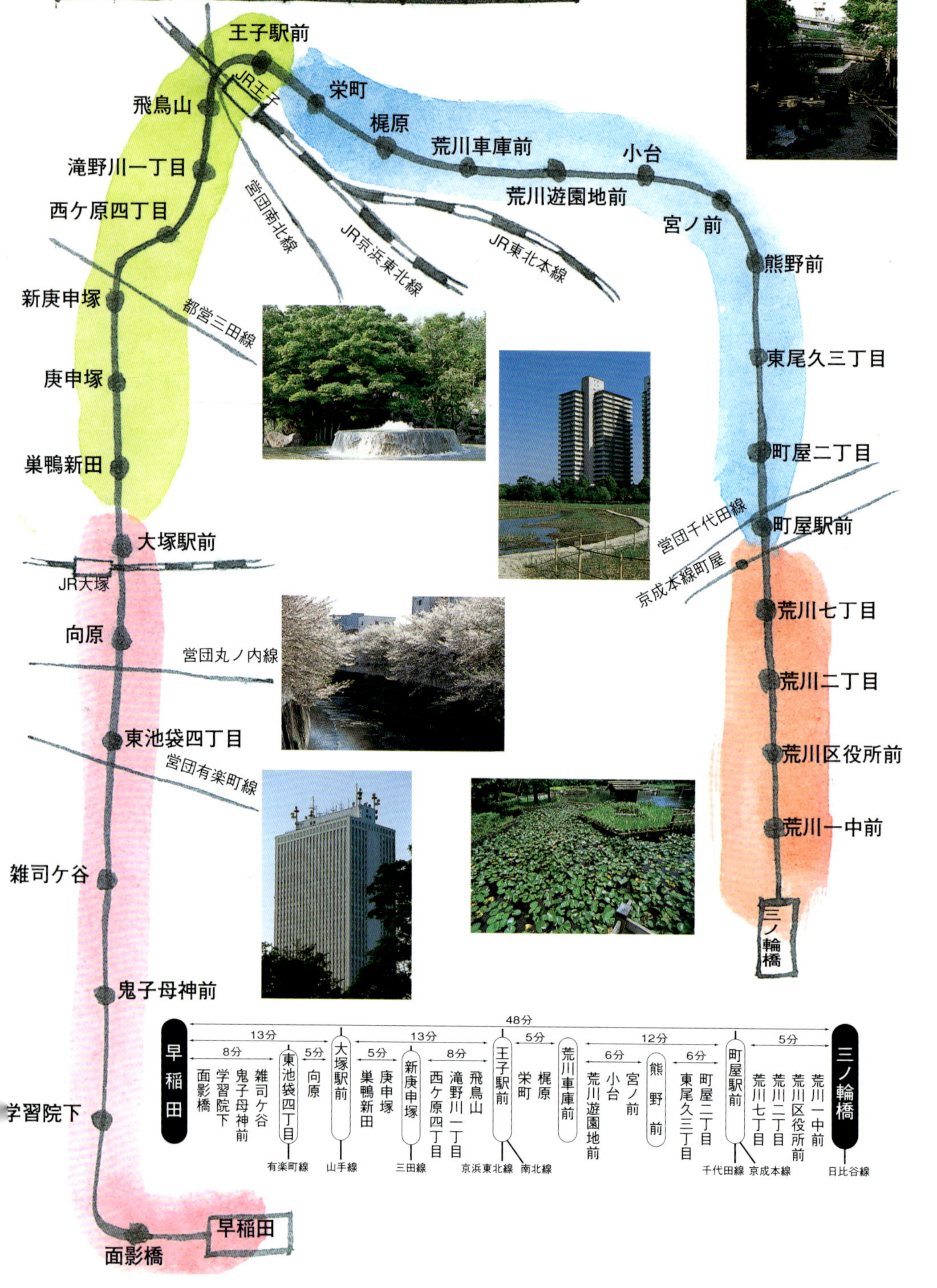

王子駅前
JR王子
栄町
梶原
荒川車庫前
小台
荒川遊園地前
宮ノ前
熊野前
東尾久三丁目
町屋二丁目
町屋駅前
営団千代田線
京成本線町屋
荒川七丁目
荒川二丁目
荒川区役所前
荒川一中前
三ノ輪橋
飛鳥山
滝野川一丁目
西ケ原四丁目
営団南北線
JR京浜東北線
JR東北本線
新庚申塚
都営三田線
庚申塚
巣鴨新田
大塚駅前
JR大塚
向原
営団丸ノ内線
東池袋四丁目
営団有楽町線
雑司ケ谷
鬼子母神前
学習院下
面影橋
早稲田
48分
13分
8分
5分
13分
5分
8分
5分
12分
6分
6分
5分
早稲田
面影橋
学習院下
鬼子母神前
雑司ケ谷
東池袋四丁目
有楽町線
向原
大塚駅前
山手線
巣鴨新田
庚申塚
新庚申塚
三田線
西ケ原四丁目
滝野川一丁目
飛鳥山
王子駅前
京浜東北線
南北線
栄町
梶原
荒川車庫前
荒川遊園地前
小台
宮ノ前
熊野前
東尾久三丁目
町屋二丁目
町屋駅前
千代田線
京成本線
荒川七丁目
荒川二丁目
荒川区役所前
荒川一中前
三ノ輪橋
日比谷線

# 都電。もうひとつの楽しみ方

東京には自然がないと言われて久しいですが、見る・聴く・嗅ぐ・触れる・味わうといった「五感」を存分に働かせて暮らしてみると、決してそんなことはないと気がつかれるはずです。

私は、自然愛好家として生まれてからの二〇年間、その後、自然案内人として仕事を始めてからの二〇年間、ずっと東京を観察してきた結果、意外にいろいろな種類の野生生物が、意外にたくさん棲息していることがわかりました。そして、それらの多くは、他の地域では見られない独特の生態を持っていることにも気がつきました。たとえば、ハクセキレイ。おしゃれなモノトーンの装いで、長い尾を上下に振りながら歩き回るこのかわいい野鳥は、地方では水辺を中心に見られ、主に小昆虫を食べて生活しています。しかし、東京では駐車場や学校の校庭などにも普通にいて、人間の投げ与えたポップコーンやポテトチップスを好んで食べています。身の回りを見わたしてみるとこのように東京という大都会に適応したライフスタイルを持つ動植物が、いかに多いことか。彼らの名前の頭に、全て「トウキョウ」という言葉をつけても良いのではと思うほどです。「トウキョウモンシロチョウ」とか「トウキョウユリカモメ」などと。

しかし、彼らが将来もずっと健全に生育していくには、点ばかりでなく帯状の自然環境が必要です。おのおのがある程度移動できる状態にないと、種として枯渇していってしまうからです。東京には、図らずも残ったそんな場所がいくつか存在します。都電荒川線もそのひとつです。この全長約一二・二キロの東京最後の都電は、専用軌道が多いためか、線路のすぐわきには屋敷林から小さな植木鉢にいたるまで緑がいっぱい。さらに沿線には学習院大学のキャンパス、雑司ケ谷霊園、飛鳥山公園、荒川自然公園などのまとまった緑地も点在し、その存在自体が野生生物たちの移動の場所(生き物の回廊)となっているのです。都電荒川線は、じつは、生態学的な面からも、とても大切な役割を持っているのです。

小野誠一郎氏の詩情豊かな水彩画と、私の動植物図鑑とを合わせ読み、紙面旅行へと出発するも良し、実際に現地へ行ってみるも良し。愛すべき都電の小さな旅の楽しみ方のひとつに、車窓から眺めたり、途中下車して出会うことのできる四季おりおりの緑の仲間たちとふれあいを、加えていただけたら幸いです。

佐々木　洋

# 荒川線 東京 都電回廊の自然 目次

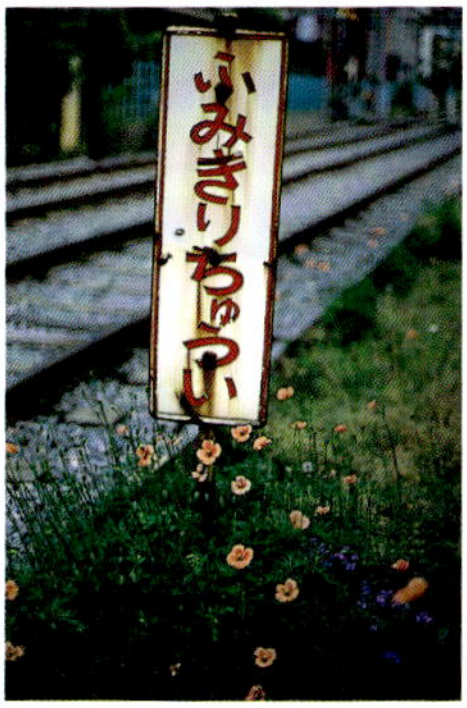

ふみきりちゅうい




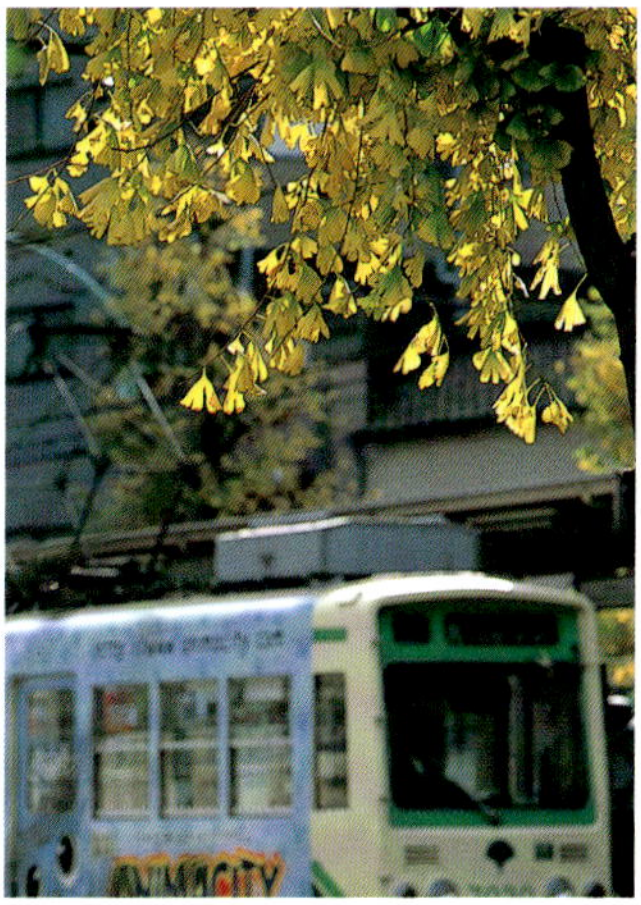

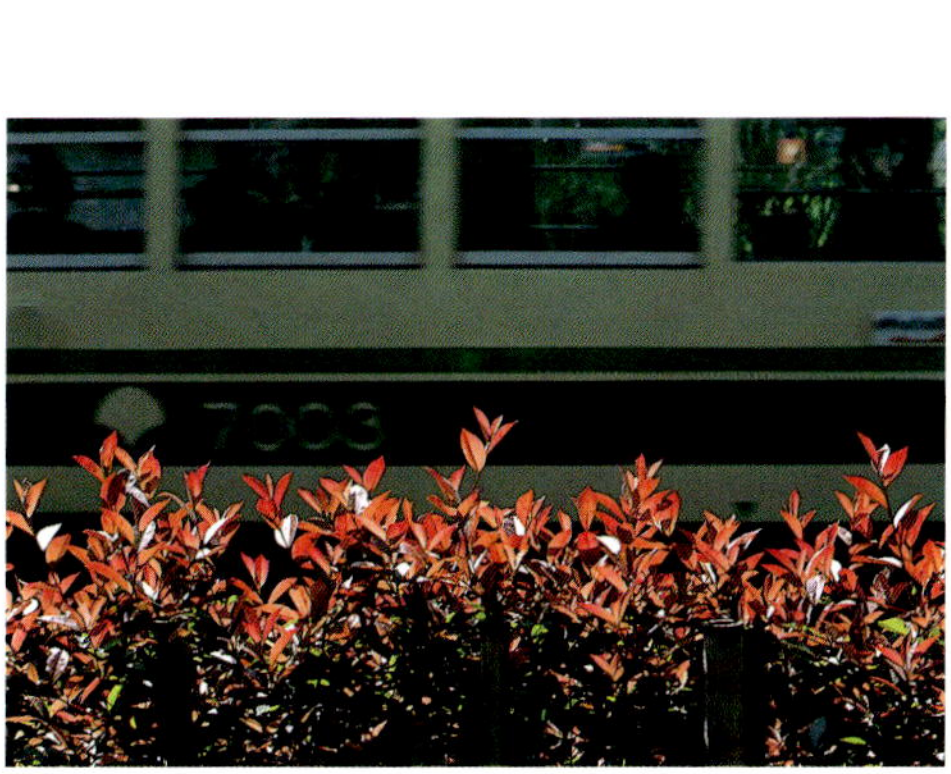

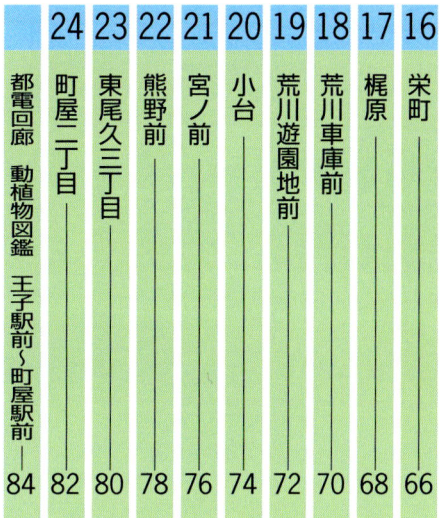

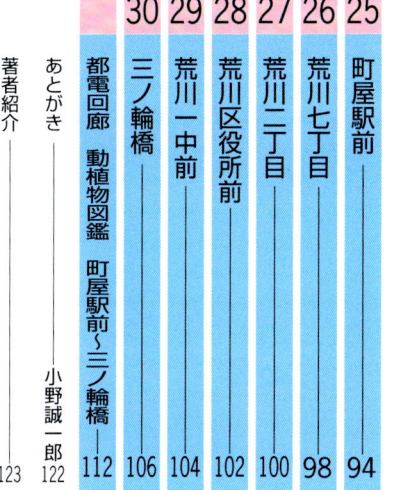

1 早稲田 荒川線

# 東京 都電回廊の自然

## チンチン電車で親しまれ

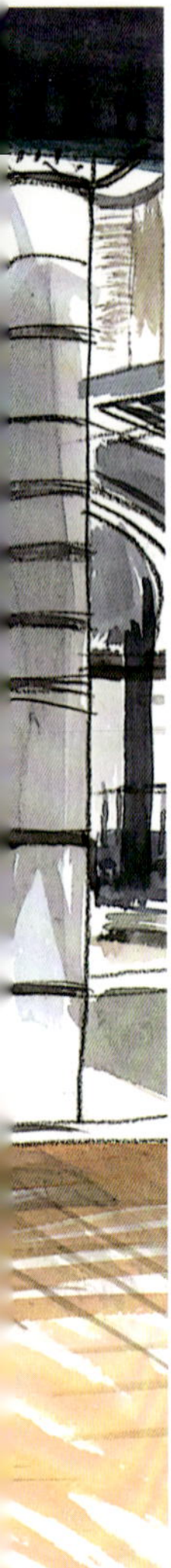

東京都電の歴史は、明治一五年六月の新橋から日本橋に開通した鉄道馬車に始まる。

都内には網の目のように都電が走っていた。車社会となり交通渋滞がはげしくなって、道路事情で次々と都電が姿を消していった。

昭和四七年一一月一一日、都電はこの日限りで都心から姿を消し、いま残っている専用軌道路面電車として、荒川線の早稲田～三ノ輪橋間の一路線のみになった。

つり革の匂い、紐を引っ張るとチンチンと発車ベル音がなり、屋根から突き出た集電ポールが外れて運転手が半身を乗り出し架線を直している。乗車するとき車掌さんが手を引いてくれて、なにかゆったりとした優しさがあった。

夏には窓を開けて風通しを良くしたり。通勤時の都電は暑苦しくノロノロしていて好きでなかった。

若かったころの思い出と懐かしさが残るチンチン電車。

ここ数年、都電に乗ることもなかったが以前北区滝ノ川一丁目に住んでいたので、近くにある巣鴨のとげぬき地蔵高岩寺を思い出し、行く事にした。

〝四〟のつく日は縁日で旧中仙道は参道となり賑わいを見せている。その近くに都電荒川線の庚申塚の駅がある。

通称「とげぬき地蔵」で知られる停留所から早稲田行きに乗り、大塚駅前雑司ケ谷、鬼子母神、目白の千登世橋をくぐり学習院下へ神田川に架かる高戸橋の鉄橋を渡り直角に曲がって、面影橋から早稲田へ。今回の「東京 都電回廊の自然」の出発はここからである。

都電荒川線全駅三〇ケ所、早稲田から三ノ輪橋まで、様々な都電のある風景を水彩画で皆様にお贈りしたいと思います。

# 早稲田＝面影橋周辺

早稲田

面影橋

# 2 面影橋

## 神田川に沿って走る

神田川に架かる面影橋、フォークソング『面影橋から』及川恒平作を思い出す。浮世絵では「江戸百景」冬の部に安藤広重が「俤《おもかげ》のはし」として描いている。

さらに時代を遡ると、ここは太田道灌が「みの一つだに……」の歌で胸を衝かれたという山吹の里。一枝の山吹に言葉のすべてを託した少女は、やはり面影橋にふさわしい。今は歌をめぐる風雅さはこの周辺にはなかった。

次の駅は学習院下駅、明治通りに沿ってある。

面影橋駅から右へ直角に曲がって神田川に架かる高戸橋を渡る。桜と鉄橋のグリーンがマッチして都電の前方にはサンシャイン60が真っ白に輝いて見える。ガタンガタンゴーッと鉄橋の上を走る音懐かしく……

7019

# 3 学習院下

## すまし顔で通過の都電たち

神田川に架かる高戸橋を渡って学習院下駅へ。この辺りを明治通りと平行して走る。西方台地には学習院大学、高等科、中等科のキャンパスが広がっている文教地区。千登世橋に向かって、急な坂、小千登世橋の下をくぐる。この橋から新宿副都心が一望でき、夜景がいい。

線路の両側のツタの緑に心の安らぎを覚える。石垣の間を連続するS字カーブに揺られて、カタカタと鬼子母神前へ……

千登世橋は著名橋に指定されたほど美しい一径間鋼ヒンジアーチ橋で、昭和七年に目白通りと明治通りを立体交差させるため造られた。

この橋の本来の美しい姿を眺めるなら、やはり橋の下を走る明治通りから見上げたアングルが素晴らしい。都内でも一、二を争う鉄製アーチ型の陸橋だ。

# 4 鬼子母神前

## 縁日横目に都電が通る

雑司ケ谷駅からジェットコースターみたいに斜面を次の鬼子母神駅へすべり込んで行くと、うなぎ、やきとりの看板が目に入る。

鬼子母神名物の伝統の味で評判のやきとりの「豊島屋」、そばの踏切の上を横断する道路がかつての鎌倉街道。

昔から見ると大分少なくなったが見事な巨木の欅並木が美しい。なかほどに昭和三〇年代築の店舗や民家が建っていて、西洋館が大きな欅とマッチして並んでいた。

欅並木の参道を抜け、左に折れると鬼子母神、都内最古の木造建築の鬼子母神堂である。境内には御神木となっている銀杏の大木。樹齢六〇〇年ともいわれ、都の天然記念物に指定されている。

鬼子母神宮は一六六六年に建てられ、関東大震災や戦火にも難を逃れて、神様に守られているとしか言い様がない。境内には昔ながらの駄菓子屋さんがあった。

# 5 雑司ケ谷

雑司ケ谷駅を出ると次は鬼子母神駅へ。この区間は運転席から見ると、直線コースの急な長い下り坂。一気にすべるように下りると今度は登り坂となり、まるでジェットコースターに乗っているような気分だ。

大きな欅がある踏切に近づくと遮断機が降りて、線路際に劇団未来劇場が見えた。

近くに小さなガード、スピードを出し小さくゴーッと音たてて走って行く。車窓からの新緑、さぁーっと過ぎた。近くにある雑司ケ谷霊園。江戸時代は徳川家の御鷹部屋があった。

明治七年に東京市営の共同墓地になり、この墓地には小泉八雲、夏目漱石、島村抱月、泉鏡花、竹久夢二、永井荷風など多くの文士や名士が葬られている。

# 6 東池袋四丁目

美しい都会を愛することはいいこと
賑やかな街路灯
華やかなネオン
広い歩道の敷石に光るネオンサイン
雨に濡れて滲むウインドーの灯り
電車がそこを横切るサンシャイン60が夜空に

都電と町並、サンシャイン60が見える
豊島区南池袋四丁目

# 7 向原

## 都電には
## いろいろな
## 音がある

チーンチーン
ゴトゴト　ガッタン
ガッタン　ゴオーッ
毎度……次は向原……
ギシギシ　ガガガー
ギーギー　バァン
揺れますので……
ゴンゴッン　チンチン
ゴツゴツ　シュー
ありがとうございます
見知らぬ裏町　通り抜け
ちょいちょい止まって
すーっと走り
グリーンベルトのなか
風を切り
ガタンと一揺れ

# 8 大塚駅前

## 旧王子電気軌道開業の地

　ＪＲ大塚駅ガード下にある大塚駅前停留所。早稲田行きに乗るとすぐに右へカーブして急な坂になる。登りきると、向原の停留所、前方に首都高速五号池袋線の高架橋が見える。この近くに、造幣局東京支局がある。向原から徒歩五分。平日のみ「貨幣事業展示室」の見学ができる。日本の勲章など約一〇〇〇点が展示されている。

# 鬼子母神から庚申塚まで

鬼子母神の境内にある昔ながらの駄菓子屋

大塚駅前
75

# 戦火から逃れた街

庚申塚駅から旧中仙道を明治通りに向って歩くと戦災を逃れた、昔ながらの商店街が並び、古い木造りの商家がそのまま残っている。

滝野川一丁目の民家

元祖「亀ノ子束子」西尾商店

豊嶋屋・北区滝野川六丁目　明治時代からの雑貨屋

旧三菱銀行滝野川支店・北区北野町川六丁目

「とげぬき地蔵」にいたおばあちゃん達

# 都電回廊　動植物図鑑

## 早稲田～大塚駅前

### 桜吹雪と蝉時雨の道

　西の出発点早稲田駅から面影橋あたりは、すぐ近くに流れる神田川の自然に注目しましょう。両岸は春にはサクラが満開となり、花の蜜を求めてヒヨドリがたくさんやって来ます。彼らはスズメのほぼ二倍ほどの体長で、嘴《くちばし》もそれなりに大きいため、多くの昆虫たちや同じ鳥類のメジロのように、花を散らさずに上手に蜜を吸うことができません。したがって、パチンと花を根元から切って、切り口からジュースを飲むというちょっと乱暴な手に出ます。本来なら花びら単位でハラハラと散るサクラが、まるでツバキの仲間のように花ごと落ちているのは、彼らのしわざであることが多いのです。また川をのぞき込むと、一年中、かわいらしいカルガモやハクセキレイの姿を見ることができます。春から秋にかけては、日中はアメリカ出身のミシシッピーアカミミガメの甲羅干しを、夕方はイエコウモリの別名を持つアブラコウモリの乱舞を観察できるでしょう。

　うっそうとした森の点在する学習院下駅あたりから雑司ヶ谷駅あたりまでは真夏になるとセミ時雨が車内にも飛び込んで来ます。またその頃、線路上を行ったり来たり、トンボの王様・オニヤンマがパトロール飛行している姿に出会うこともあります。

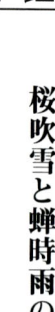

ヤブツバキ

## ヤブツバキ　ツバキ科

ツバキの原種で、これからたくさんの品種がつくられました。花にはメジロが、蜜を吸うため、毎日のようにやってきます。まるで赤い絨毯《じゅうたん》を敷いたような、根元一面に花が落ちたときの風情も、なかなか良いものです。

クスノキ

## クスノキ

### クスノキ科

東京の街なかで、もっともよく見かける常緑樹。虫よけの樟脳《しょうのう》をとる木として有名です。葉をもむと、すっとするとても良い香りがするので、ぜひ一度お試しを。根元に散らばっている枯れ葉でも、しっかりにおいますよ。

## イヌシデ

### カバノキ科

本来は、郊外の雑木林などに多い落葉樹ですが、古くからある寺社の境内、霊園などでけっこう見かけます。雑司ヶ谷霊園もそのひとつです。幹に白っぽい縦すじがいくつもあるのが特徴で、樹形の美しさはなかなかのもの。

イヌシデ

トウネズミモチ

## トウネズミモチ

### モクセイ科

明治初期に渡来した、中国原産の常緑樹。ふつうのネズミモチは果実が楕円形ですが、こちらはほぼ円形です。生け垣、公園樹などとして植えられています。果実の熟す秋から冬にかけては、ヒヨドリたちのレストランに。

## ドクダミ

### ドクダミ科

「十薬《じゅうやく》」と呼ばれることもあるように、代表的な薬草のひとつ。葉は、若いとき、天ぷらにして食べてもおいしく、また、お茶の原料にもなります。白い花びらのように見える部分はがくで、その上の黄色い部分が花です。

ドクダミ

ツユクサ

## ツユクサ

### ツユクサ科

この深いブルーの花を見ると、夏が来たなあと感じます。むかしは、この花の汁をこすりつけて布を染めたことから、ツキクサ（着草）と呼ばれたこともあるそうです。道ばたや草はらなどに、ごくふつうに見られます。

キュウリグサ

## キュウリグサ

### ムラサキ科

ワスレナグサをそのまま小さくしたような野草。茎をつまんで、よくもむと、包丁で切ったばかりのキュウリそっくりのにおいがするので、この名がつきました。日あたりのいい道ばたなどに、3～5月に花を咲かせます。

## クズ

**マメ科**

全国的に姿を消しつつある「秋の七草」のメンバーの中で、唯一、都市部でも健在なのがこの野草です。根からとったでんぷん＝葛粉だけでなく、花も葉も茎も食用となります。真夏、ふさ状に赤紫色の花をつけます。

クズ

シロザ

## シロザ

**アカザ科**

シロアカザという、ちょっとややこしい別名もあります。アカザによく似ていますが、若葉が白っぽいことから見分けられます。古い時代に日本へやってきたと考えられています。若葉はおひたしなどで食べられます。

アカザ

## アカザ

**アカザ科**

若葉が赤紫色なのでこの名がつきました。古い時代に中国から渡来して、食用として栽培されていたものが、野生化したとも言われています。若葉はゆでて水にさらし、おひたしなどにして食べるとおいしいです。

## セイヨウタンポポ

**キク科**

今、都会で見かけるタンポポのほとんどが、このヨーロッパ原産のセイヨウタンポポ。強力な繁殖力で、在来タンポポたちを押しのけ、主役におどり出ました。花の下にある緑色の部分（総苞《そうほう》）が、めくれているのが特徴です。

セイヨウタンポポ

## カントウタンポポ

**キク科**

外来種のタンポポに押されながらも、在来種のタンポポたちが、都会でもひっそりと咲いています。カントウタンポポもそのひとつ。春に、古くからある寺社の境内、公園の片隅などを捜すと、出会えるかも知れません。

カントウタンポポ

スミレ

## スミレ

**スミレ科**

スミレの語源は、大工さんが線を引くのに使う「墨入れ」。横から見た花の形がこれに似ているからだとか。葉の柄にある、広い翼が特徴。写真は、雑司ヶ谷霊園にある古い墓石に咲いた、なんとも可憐な一株です。

## カラスウリ

### ウリ科

その名の由来は、果実が、唐朱《からす》、つまり朱墨のような色をしているからとも。でも熟す前は、写真のようにちょっとスイカのような感じです。8～9月の夜、白いレースのような、それはそれは幻想的な花を咲かせます。

カラスウリ

ムラサキケマン

## ムラサキケマン

### ケシ科

ケマン（華鬘）とは、仏殿の欄間などを飾る仏具のこと。毒がある野草なので、決して食べたりしないで下さい。春、やや湿った場所で、赤紫色の花を咲かせます。熟した果実に触れると、ポーンと黒い種子を弾き出します。

## タチツボスミレ

### スミレ科

日本におよそ50種あるといわれるスミレの仲間のうち、身近な場所でもっとも目にするものです。葉はハート形。花のあと、茎が3倍ぐらいの高さに伸びるのが特徴です。古くからある民家の庭、霊園などに群生しています。

タチツボスミレ

エサキモンキツノカメムシ

## エサキモンキツノカメムシ

**ツノカメムシ科**

背中にハートのマークを持つ、とてもおしゃれなカメムシです。ミズキやハゼノキなどの葉の上でよく見つかります。ところでみなさんは、カメムシって、大きなくくりでみると、セミの仲間だってこと、ご存じでしたか？

ウバタマムシ

## ウバタマムシ　タマムシ科

マツの仲間の木が多い、神社やお寺の境内などでときおり見つかります。主に真夏の正午ぐらいから午後２時ぐらいにかけての時間帯、ブーンという大きな音をたてて飛び回ります。樹皮そっくりのはねを持っています。

アリジゴク

## アリジゴク

**ウスバカゲロウ科**

ウスバカゲロウの幼虫です。神社の床下、大木の根元など、雨が当たりにくい場所に、すり鉢状の穴をつくり、底の土中で、アリなどが落ちてくるのを待っています。手にのせて軽く触れると、スッスッと後ずさりをします。

ミノムシ

## ミノムシ

**ミノガ科**

ミノガという小さなガの幼虫、または成虫が入っています。幼虫または成虫と書いたのは、オスは成虫になると外へ出ますが、メスは一生みのの中で過ごすからです。オスの成虫は、みのの中のメスの成虫を訪ね、交尾します。

## イラガの繭
### イラガ科
釣り具屋さんでたまに売っている「玉虫」というのは、じつはこの繭の中にいるイラガの幼虫のこと。タナゴ釣りには欠かせない釣り餌です。ここから、はねを開いた長さ12～14mmの、小さな茶色っぽいガが出てきます。

イラガの繭

ウラギンシジミ

## ウラギンシジミ
### シジミチョウ科
シジミチョウの仲間というと、とても小さなチョウを想像しがちですが、これはモンシロチョウよりちょっと小さいぐらいのサイズです。成虫で冬を越すため、お正月などでも、飛んでいるのを目にすることがあります。

サトキマダラヒカゲ

## サトキマダラヒカゲ
### ジャノメチョウ科
ちょっとみると、ガかな？　と思う、地味なチョウです。でも、その渋さが純和風でよろしい、という人も。少し薄暗い寺社の境内などにヒラヒラと舞い、木の幹によくとまります。樹液が好物で、成虫は5～8月に見られます。

ダイミョウセセリ

## ダイミョウセセリ
### セセリチョウ科
「羽を閉じてとまるのがチョウで、開いてとまるのがガ」と信じている人が、意外と多いのですが、それは間違いだとこのチョウは教えてくれています。上のはねに、透かし窓のある、とても凝ったつくりのチョウです。

## ミシシッピーアカミミガメ
### ヌマガメ科

原産地はアメリカで、子ガメは、「ミドリガメ」という名前をつけられ、ペットショップなどで売られています。逃げたり、捨てられたりで、あちこちで野生化しています。神田川でも、甲羅干ししている姿をよく見ます。

ミシシッピーアカミミガメ

アブラコウモリ

## アブラコウモリ　ヒナコウモリ科

「えっ、都電沿線にコウモリなんかいるの？」と驚かれる方も多いでしょう。じつは、たくさん、いるのです。ただし、本種のみ。およそスズメ大の小さなコウモリで、夜間、カや小さなガなどを、飛びながら食べています。

アオダイショウ

## アオダイショウ　ナミヘビ科

通常は１～2.5m、最大で３m近くにもなる、日本最大級のヘビのひとつ。見かけによらず性格はおだやかで、よほどひどくいじめたりでもしなければ、まず人間を襲うことはありません。古い屋敷などに棲んでいます。

コイ

## コイ　コイ科

神田川を橋の上などから見下ろすと、たくさんのコイが泳いでいるのが目に入るでしょう。自然に棲みついたものもいますが、ほとんどは放流されたものです。大きいもので５０～６０cm、まれに１m近くになるものもいます。

ワカケホンセイインコ

## ワカケホンセイインコ　インコ科

セキセイインコの約２倍の全長（約４０cm）。インド、スリランカなどが原産地ですが、東京に約800～1000羽が野生化し、暮らしています。雑司ヶ谷霊園とその周辺では、営巣もして、とくに姿をよく見かけます。

## シジュウカラ　シジュウカラ科

東京の街でよく見かける小鳥のひとつです。白いほっぺに、なんだかお葬式用のような黒いネクタイ。せわしなく木々の枝を動き回り、小昆虫を探しています。「ツツピーツツピー」と、とても元気良くさえずります。

シジュウカラ

## ヒヨドリ　ヒヨドリ科

ドバトをぬかせば、東京の中心部で、現在、ハシブトガラスに次いでよく見かける鳥でしょう。都電沿線でもいたるところにいますが、とくにこの区間には多い気がします。全長約２７.５cm。ピーヨピーヨと甲高く鳴きます。

## アズマモグラのモグラ塚　モグラ科

公園の林などの土が、まるでお皿に盛ったチャーハンのように盛り上がっているのは、アズマモグラがトンネルを掘ったときの土を押し上げたからです。頭から尾までの長さは、約１５cm。ミミズ類が大好物な小さな哺乳類です。

ヒヨドリ

アズマモグラのモグラ塚

# 9 巣鴨新田

## 急カーブが多いぞ！

大塚駅前を出るとすぐ左へカーブして直線に走り、巣鴨新田駅へ。駅を出るとすぐに右へ曲がる。庚申塚駅への途中の風景。今回の絵、サンシャイン60をバックに雪の景色。

# 10 庚申塚

## おばあちゃんの原宿　とげぬき地蔵へ

庚申塚駅から新庚申塚駅まで二〇〇メートルたらずなので隣の停留所が見える。庚申塚駅は通称巣鴨の『とげぬき地蔵』で知られる停留所、旧中仙道にある地蔵通り『おばあちゃんの原宿』と呼ばれ、おばあちゃんグッズがいっぱい。

# 11 新庚申塚

## お寺が多い 新庚申塚辺り

白山通り（国道一七号線）を挟んで向かい合って新庚申塚駅、薄暮風に描いて見た。

都営地下鉄三田線が白山通りの地下を走っているこの辺り、大正大学のキャンパスがあり、お寺が多い。手塚治虫の眠る総禅寺、北町奉行遠山の金さんや剣豪千葉周作が眠る本妙寺。四谷怪談で知られるお岩様の墓がある、妙行寺。元来は四谷にあった寺だが、明治四二年に現在の地に移転した。お岩様の映画「四谷怪談」の制作・上演に際しての芸能関係者による参拝が多い。大きな多宝塔がある静かな境内で都電の音が聞こえる下町の寺。

# 新庚申塚
# 白山通りはさんで
# 駅二つ

白山通りにある新庚申塚駅（昭和四三年全面廃止）まで一八系統・四一系統と三一系統が交差して走っていた。

## 12 西ケ原四丁目

# 桜並木を眺めて通学

西ケ原四丁目は学校の街。東京外語大や武蔵中学、高校があり、停留所には制服姿の生徒があふれる。

いまの東京外語大学のところは御薬園があった。明治になると御薬園の跡地が海軍火薬庫になり、戦後、外語大になった。

消火栓

# 13 滝野川一丁目

## 裏道を一直線に走って

この辺りから上り勾配と小さなカーブが多くなり、高層マンションが建ち並ぶ。「滝野川一丁目」電停の西側に桜丘女子学園、塀に沿って四月上旬桜が満開になる。

天気のよい日には線路の柵に布団が干してあり、洗濯物が風にひるがえっている。

# 14 飛鳥山

## 坂を曲がって下る

カーブをしながら飛鳥山公園に沿って走る都電。王子駅ガード下に向かって、カーブにさしかかるとブレーキをかけ、エアーを抜いて速度を落として曲がる。車体は長いボギー車、急カーブでは後部が線路からぐっとはみ出し車の鼻先へ、ぐっと迫る。

横ゆれして、ゴトゴト、電車の床をとおして線路と電車の小さなぶつかり合いが足の底から響いてくる。そしていっきに坂を下りる。

左手には石神井川、いまは親水公園になって音無橋の下を流れる。対岸には王子神社の大銀杏の木が見える。

# 飛鳥山公園〜王子駅周辺

早稲田から大部分を専用軌道内を走ってきたが、飛鳥山停留所から王子駅前までは、一般道路。その上を大きな車体で飛鳥山公園に沿って沢山の車と一諸に走る姿は、懐かしい風景である。

飛鳥山公園は、いま首都高速環状王子線が公園を突き抜けて高速中央環状線に通じるための大工事をしている。

公園の中には、紙の博物館、渋沢栄一資料館、飛鳥山博物館などがあり、江戸時代から桜の名所として知られて、広重の東都名所「飛鳥山満花の図」などがある。

# 15 王子駅前

スピードを落とし
直角に曲がって王子駅前へ

# 都電回廊　動植物図鑑

## 大塚駅前～王子駅前

### 打ち水とつつじ燃ゆ道

　ＪＲ山手線のガードをくぐり、しばらく走ると、やがて「おばあちゃんの原宿」などとも呼ばれる、とげぬき地蔵尊の参道へつながる庚申塚駅へ着きます。この駅あたりから飛鳥山駅あたりまでは、学習院下駅あたりから向原駅あたりと並ぶ、民家の軒先をかすめるように走る区間です。丹精込めて育てられた鉢植えや花壇の植物たちが、次から次へと手にとるように眺められ、乗客の目を楽しませてくれます。窓が開いていれば、ほのかに香りさえ伝わってきます。それらの花から花へと、蜜を求めてはしごをする、アゲハやクロアゲハなどが、いまにも車内へ飛び込んできそうな感じがします。近ごろ東京の街に増えた、アオスジアゲハも姿を現すかも知れません。

　四月下旬に飛鳥山公園のわきを通過するときには、だれもが見事なツツジのタペストリーに目を奪われることでしょう。公園側の車窓は、どれも額に入った鮮やかな色彩の一幅の絵になります。また、反対側の音無親水公園の森にも注目しましょう。シンボルである大イチョウのペアは、晩秋には黄金色の衣をまとい、そこだけスポットライトを浴びたようです。飛鳥山駅周辺は、この区間の、まさにハイライトと言えるでしょう。

ソメイヨシノ

## ソメイヨシノ　バラ科

花といえば「桜」。日本の春には欠かせない存在ですが、なかでも満開のときや散り際が見事だということで全国に広まったのがこの品種です。江戸時代末期に江戸染井（現在の豊島区駒込周辺）で売られたのが始まりです。

ケヤキ

## ケヤキ　ニレ科

ほうきを逆さにしたような雄大な姿の落葉樹。ときに５０ｍもの高さになることも。夏には木陰で涼をとり、秋には黄葉を愛でる。人とともに、そんな歴史を繰り返してきた大木が、沿線のあちらこちらに生き続けています。

オオムラサキ

## オオムラサキ　ツツジ科

街なかの新緑に映え、あざやかな赤紫色の花をいっせいに咲かせるツツジの代表的品種。栽培の歴史は古く、江戸の武家屋敷などで競って植えられたとか。花にはあまい蜜があり、アゲハやクロアゲハにも大人気です。

コムラサキ

## コムラサキ　クマツヅラ科

庭木や花材として人気の落葉低木。夏には淡い紫色の小さな花が咲きますが、なんといっても実のなる秋が見ごろです。しだれた枝が重そうなほどにつく赤紫色の実は、宝石のよう。冬をひかえた野鳥たちの食糧でもあります。

ノウゼンカズラ

## ノウゼンカズラ
### ノウゼンカズラ科

盛夏。照りつける太陽に、エキゾチックな橙赤色の花が潔《いさぎよ》く、とても似合います。落葉、木質のつる性植物。中国原産で、9世紀に渡来して以来、さかんに栽培されてきました。花びらは、赤や銀ねずみ色の染料になります。

ヤマノイモ

## ヤマノイモ　ヤマノイモ科

別名自然薯《じねんじょ》。ホーム脇のフェンスや雨どいなど、意外なところに絡まっています。芋を掘れば、もちろん食べられますが、都会では、秋に葉のつけねにつくむかごを炒ったり、ご飯に炊きこんでは？ 冬枯れの種子も美しい。

ヒメオドリコソウ

## ヒメオドリコソウ　シソ科

ヨーロッパ原産の帰化植物で、群生しているのをよく見かけます。とくに東京には多いとか。シソの仲間は、茎が四角形なのが特徴。ぜひ触ってみて下さい。春、行儀よく並んだハート形の葉の間に、薄紅色の花をつけます。

スベリヒユ

## スベリヒユ

### スベリヒユ科

ガーデニングで人気の「ポーチュラカ」の近い親戚にあたる野草で、多肉質の茎や葉はそっくりです。ただ、黄色の花はとても小さく、奥ゆかしい印象。食用となり、おひたしなどにするとおいしいので、ぜひお試しあれ。

ヘクソカズラ

## ヘクソカズラ

### アカネ科

細いハート形の葉と、フリルつきの白と赤の花がかわいらしい、つる性植物。冬、葉の落ちた後も残る、金茶色の実は花材にしても良いですね。なるほどその名のとおりのにおいですが、ちょっと気の毒すぎると思いませんか。

コヒルガオ

## コヒルガオ

### ヒルガオ科

思いがけないところでアサガオに似た花が咲いていたら、それはコヒルガオかも知れません。その名のとおり、薄紅色の花は夕方まで咲いています。梅雨時のくもり空に、パッと明かりを灯したような、かわいらしい花です。

## セイヨウアブラナ

### アブラナ科

明治初期、種子から油をとるために持ちこまれた帰化植物。今では菜の花といえば本種をさします。早春、金色に輝く菜の花畑に出会うと、今年も春が来たのかとうれしいものですね。葉はモンシロチョウの幼虫の食草です。

セイヨウアブラナ

ホトケノザ

## ホトケノザ

### シソ科

葉の形を、仏様の台座に見立て名づけられました。他の野草に先がけて、3月頃から紅紫色の花を咲かせます。葉が段々につくことから、三階草《さんがいぐさ》の別名も。春の七草のホトケノザは別種で、キク科のコオニタビラコ。

## ジュズダマ　イネ科

幼い頃、黒や茶に色づいた、かたい実をつないで、数珠をつくった人も多いはず。このジュズダマの栽培種といわれているのがハトムギで、殻つきのまま炒ってハトムギ茶に、殻をむいて薬用（漢名ヨクイニン）に用います。

ジュズダマ

## ハキダメギク　キク科

ちょっとかわいそうな名前の由来は、世田谷のはきだめで初めて見つかったから。実際には、道ばたや植え込みの隅で見かけることが多く、地味だが可憐な花です。北米原産ですが、しっかり東京に根をはっています。

ハキダメギク

オオアラセイトウ

## オオアラセイトウ
### アブラナ科

4～5月にかけて、沿線を薄紫にいろどる菜の花の仲間。とくにこの区間では、線路の両側に群生してよく目立ちます。もともとは中国原産の栽培種で、ショカッサイ、ハナダイコン、ムラサキハナナなどの別名も。

ヤブガラシ

## ヤブガラシ
### ブドウ科

「ビンボウカズラ」などと呼ばれることもある、ガーデニングの嫌われ者。でも、とても甘い蜜をたくさん出すので、チョウなどの昆虫たちには、大人気のレストランです。「藪《やぶ》をも枯らす」ので、その名がついたとか。

アオマツムシ

ヤマトシジミ

## アオマツムシ

### コオロギ科

明治時代に東京にやってきた帰化昆虫。バッタのような色彩ですが、コオロギの仲間です。一生を、ほぼ、木の上で過ごし、夏から秋にかけ「リーリーリーリー」と鳴きます。窓を閉めた車内にも聞こえてくる大声です。

## ヤマトシジミ　シジミチョウ科

都電のプラットホームに立って、電車を待っていると、線路に沿ってヒラヒラと飛んでゆく小さなチョウを見ることがあります。ヤマトシジミです。幼虫はカタバミの葉が大好物。写真は、ブルーのはねを持つオスです。

## ナナホシテントウの幼虫

### テントウムシ科

公園や原っぱの野草に、なんだかお寿司のネタのシャコを小さくしたような虫が、くっついていることがあります。テントウムシの仲間の幼虫（写真はナナホシテントウのもの）です。成虫とは似ても似つかない姿ですね。

ナナホシテントウの幼虫

アブラゼミ

## アブラゼミ　セミ科

ミンミンゼミとともに、東京で最もふつうに見られるセミです。その名の由来は、「ジリジリジリジリ……」という鳴き声が、天ぷらなどの揚げものをしているときの音に似ているからとも。最近では夜でも鳴き声が聞かれます。

クロウリハムシ

## クロウリハムシ　ハムシ科

葉上にはさまざまな昆虫がいますが、このクロウリハムシもそのひとつ。オレンジ色の頭と、黒いはねのコントラストが見事な自然界の宝石です。体長6～7mm。その名のとおり、ウリ類やダイズなどの葉を食べます。

ツマグロオオヨコバイ

## ツマグロオオヨコバイ　ヨコバイ科

子供たちには、「バナナ虫」と呼ばれることが多い昆虫です。なるほど、皮をむく前の1本のバナナにちょっと似ています。軽く触れると、横歩きをして逃げます。それで、ヨコバイ（横ばい）というのです。体長4.5～6mm。

## クサギカメムシ　クサギカメムシ科

体長は、およそ16mm。クサギをはじめ、いろいろな植物の汁を吸います。数あるカメムシのなかでも、最もくさい種のひとつ。でも、よく見ると、なんとなく高級な着物を思わせる、渋く上品な装いで、かっこいいのです。

クサギカメムシ

モンシロチョウ

## モンシロチョウ　シロチョウ科

誰でも知っている国民的チョウ。畑などの減少で、一時、都会から姿を消しかけました。区民農園、学校や幼稚園などの畑が増えたためか、復活し始めています。幼虫はキャベツ、セイヨウアブラナなどを食べて育ちます。

## ハシブトガラス

### カラス科

近年、東京の中心部で一番目立つ野鳥です。恐い、汚い、うるさい、不吉だ……と、とことん嫌われていますが、今度じっくりと観察をしてみて下さい。とてもつぶらな瞳と、「濡羽色」の羽毛は、魅力的ですよ。

ハシブトガラス

## キジバト

### ハト科

「デーデー、ポッポー」という鳴き声は、プラットホームに立っていても、よく聞こえてきます。かつては郊外に多く、「ヤマバト」とも呼ばれましたが、今ではすっかりマチバトになりました。全長は約３３cmです。

キジバト

## ツバメ

### ツバメ科

昔ながらの商店街や、歴史ある寺社などの点在する都電沿線には、まだまだツバメたちが営巣できる軒先などが多く残っています。燕尾が短く、腰の白い、イワツバメも時々見かけます。両種共、夏鳥です。

ツバメ

スズメ

## スズメ

### ハタオリドリ科

日本人ならほとんどの人が知っている、国民的野鳥。どこにでも、いくらでもいると思われがちですが、近ごろは営巣できる場所（大木のうろや雨戸の戸袋など）が少なくなったため、街なかでは数が減りつつあります。

ミスジマイマイ

## ミスジマイマイ

### オナジマイマイ科

カタツムリという名のカタツムリはいません。みんな、「～マイマイ」のような名前がついています。このミスジマイマイは、沿線でよく見かける種類のひとつです。雨のしとしと降る日、駅の壁をはっていることもあります。

ニホンカナヘビ

## ニホンカナヘビ　カナヘビ科

「ヘビ」といっても、トカゲの仲間です。街なかで、最も普通に見られる種で、ちょっとした原っぱや民家の庭、ときには駐車場などで見かけることもあります。尾がとても長く、全長の3分の2強を占めます。

## キジバトの古巣

### ハト科

キジバトは写真のような場所のほか、公園や学校の藤棚の上などにも営巣します。巣の直径は約25cm、深さは約1cm。最大の特徴は、つくりの粗さ。真下から見上げると、空がしっかり見えるほどです。

キジバトの古巣

## ヒヨドリの古巣

### ヒヨドリ科

落葉樹の葉が落ちる冬期は、都電沿線の街路樹や公園樹などに、野鳥の古巣を発見できます。これは、ヒヨドリのもの。直径は約15cm、深さは約4cm。巣材に、ビニールひもを裂いたものが混じっていることも多いです。

ヒヨドリの古巣

## 16 栄町

# 絵になる景色を探して

王子駅前駅を出て、新幹線の高架橋の下を走る荒川線、栄町駅の手前で左に急カーブ、途中ペンションの白いアパート、都電をいれて描いた。

まだ古い民家がのこる沿線には様々な生け垣や果実のなる樹木が多い。三ノ輪橋まで専用軌道の中の色々な植物を観察しながら王子駅前を出発、いよいよどっぷりと下町につかって走る。

この辺りは中央工学校、安部学園、東京へアメイク専門学校など学校も多く、東京書籍印刷や財務省印刷局王子工場、その側を遠く小金井公園からの水源の石神井川、北区豊島二丁目の新堀橋の下を流れ隅田川に入る。東京を縦断する細く長い川である。

-C16

## 17 梶原

広い明治通りを挟んで
梶原駅　二つ
駅のそばには本屋さん
一直線の線路の上に
雨が降りレールが光って
雪が積もって二本箸のよう
近くで
カンカンカンカン
ふみきりちゅうい
カンカンカンカン
またきたよ
通り過ぎたよ
三ノ輪橋行き
高いビルの影
長い影だ　短い影
小さい影　影が動く
電車が黒く塗られて
影から抜けたぞ
坂道だ　下る電車
長い影が伸びてついてくる

一人で歩いて
日映さに目を細めて
見ても
まちで会う人たちは
知らない人ばかり
だからゆっくり
車窓から眺めてそこに
花があるのを知る
洒落た喫茶店を
見つけて
数分で　次の駅
また　知らない人
線路ぎわの木々の中の
赤さを見て
いま　喫茶店の窓ぎわで
電車を見ている

# 18 荒川車庫前

## 荒川車庫からのご出勤！

電車の始発は
朝早いそうだ
五〇代　六〇代の人々は
路面電車をチンチン電車といい
慣れ親しんできた
架線とパンタグラフの間に
鮮明に甦るのはスパークの一瞬
白い光りがパチッパチッ
迫ってくる
ティンティンの響き
スパークは線香花火のよう
今日はもう終わり
急カーブで車庫に入って
ひと休み

## 19 荒川遊園地前

# 遊園地は近いぞ！

「荒川遊園地前」から隅田川に向かって、二〇〇メートルほど行くと荒川遊園地。途中に古びた煉瓦塀がある。

この辺りは明治の初めに創設された煉瓦工場の跡地、戦時中は高射砲陣地が設営されていたところ。なにげない風物にも歴史がきざまれている。

荒川遊園地も、元は軍用地。昭和二五年に都が都市計画荒川公園として指定、同年八月「区立荒川遊園」として開園した。

# 20 小台

## 路面電車の走る街 のんびりいそいで！

王子駅前から専用軌道を走って来た荒川線、小台と次の宮ノ前までの一区間は、車と一緒に走る併用区間道路となる。

飛鳥山～王子駅前間の明治通りと異なり、道幅が狭い。そのため電車と車が疾走するという光景が展開し、ひと昔前の雑然とした風景を思い出す。

小台駅は小台通りに接して上下ホームが向き合ってある。交差点の信号を二台並んで待っている。その前の横断歩道を大勢の人が通り過ぎて行く。

全身広告の都電発見

# 21 宮ノ前

## 季節の色いろいろ

宮ノ前駅側には尾久八幡神社がある。大きな鳥居と神社、併用軌道の停留所で、ワンマン化に際してプラットホームが嵩上げされたため道路の両端に寄せて設置されており、王子方面の線路との間隔が大きく開いて変則的になっている。

また併用軌道のためホームには危険防止柵が設けられている。その前を電車と車が通過していく。

宮ノ前、都電通りから宮ノ前商店街に入ると、尾久産業地。「阿部定事件」はここでのできごと。この尾久に花街が出来たのは大正初期で大きな料亭が多い。

22 熊野前

# 熊野前陸橋を版画で描いた

この風景を昭和六三年一〇月、荒川史談会の依頼で、古典的技法の彫師、摺師、絵師による一五色刷りの木版画「都電荒川線」を制作。熊野前陸橋、ダイナミックに架かるコンクリート製の陸橋と黄色い旧都電と新装なった、新型の電車を入れて描いた。

近代的なスタイルに生まれ変わって走る、新七〇〇〇型。車窓を大きくし特に運転台前面の窓を一枚ガラスにして路面電車に新風を吹き込む車両であるとして、〃鉄道友の会〃から一九七八年ローレル賞を受賞した。

木版画「都電荒川線」

# 23 東尾久三丁目

## 湯船から富士山眺めて

町屋二丁目駅を出て、道路中央を両側フェンスで仕切られた専用軌道を走ると、前方に熊野前陸橋が見えてくる。

この辺りはお風呂屋さんが多い。線路を挟んで桐の湯、大門湯、やまと湯、鏡湯など。富士山のタイル絵や、竹林画、伊豆のペンキ絵など銭湯の中に様々な絵が描かれている。

早稲田
7501

# 24 町屋二丁目

## カーブしたところに停留所

町屋は比較的早くから開墾され「町屋」ができたと思われる。王子電気軌道の開業当初はまだ田園地帯であったところ。

近くに草創天正年間（一五七三～一五九二）の満光寺。旧地は上野不忍池の付近で、現在地に移ったのは元和年間（一六一五～一六二四）、坂本村の名主二葉氏が開基と伝えられる。本尊は阿弥陀如来、本堂は鉄筋づくりで朱塗りの唐破風の山門とよく調和している。

# 都電回廊　動植物図鑑

## 王子駅前〜町屋駅前

### 黄葉と都鳥舞う道

「都電もなか」で有名な梶原駅を過ぎると、荒川車庫前駅に着きます。ここは都電のねぐらです。下車して、道路から憩う電車たちを眺めるのもまた楽しいものです。運が良ければ、「一球さん」の愛称で親しまれる古豪、六〇〇〇型の勇姿が拝めるかも知れません。路面電車の面影を色濃く残す宮ノ前駅あたりから熊野前駅あたりにかけては、カツラの並木が続きます。まあるい、かわいらしい葉っぱは、秋に黄色く色づき綿菓子そっくりの甘い香りを放ちます。宮ノ前駅のすぐわきにある尾久八幡のイチョウも、黄葉の頃には、ぜひ一度眺めておきたいものです。

東尾久三丁目駅で降り、隅田川方面へ一〇分ほど歩くと、かつて旭電化工場の敷地であった、東京都立尾久の原公園に出ます。ここは沿線有数の、いや、東京都二三区内有数のとんぼの楽園です。広い水面、植物の繁る場所、木陰の多い場所、湿地……と、環境の変化に富んだ水辺には、今までに三〇種類以上のトンボが確認されています。採集などせず、マナーを守った観察を心がけたいものです。ここは、真冬にはシベリアからの使者、ユリカモメ（都鳥と呼ばれることもある）の乱舞する場所でもあります。京成電車のガードが見えると、まもなく町屋駅前駅です。

イチョウ

## イチョウ　イチョウ科

秋の街を黄金色に染める代表的な落葉樹。古い神社やお寺などで大木を見かけますが、東尾久三丁目から町屋二丁目あたりまでのイチョウ並木は、見事というほかありません。都電沿線・銀杏拾いというのもなかなか粋ですね。

ピラカンサ

## ピラカンサ　バラ科

晩秋から早春にかけて、びっしりと熟した赤や黄色の実が、さみしげな街に華やぎを与えます。野鳥たちにとっても、餌の少ない季節の貴重なごちそう。ヒヨドリが実を食べることで種子が運ばれ、広がってゆきます。

カツラ

## カツラ　カツラ科

透き通るような春の新緑と、秋の黄葉が優しく、美しい木です。そばへ近寄ると、綿菓子のような甘い香りがします。ハート形の葉を乾燥させ、お香を作ることから、香《こう》の木の名も。宮ノ前－熊野前間の並木道で出会えます。

ナツヅタ

## ナツヅタ　ブドウ科

一見枯れたようなつるから新芽が萌え、ずんずんと伸びてゆくさまは、湧き出でる生命力を感じさせます。真っ赤に燃える紅葉も、また見事。古くから歌に詠まれたり、家紋のモチーフになったりして、愛されてきました。

## ムラサキエノコログサ

**イネ科**

おなじみのエノコログサに、いろいろな種類があることを、ご存知の方は意外と少ないようです。そのひとつが、このムラサキエノコログサ。名前のとおり、穂の部分の毛が紫色なのが特徴です。探してみて下さい。

ムラサキエノコログサ

## アキノエノコログサ

**イネ科**

他の種類よりも少し遅れて出てくるため、この名があります。穂の部分がやや長く、先がたれるのが特徴。稲の仲間なので、秋も深まると、スズメやムクドリ、ツグミなどが落ち穂をついばんでいるのをよく見かけます。

アキノエノコログサ

## ハルジオン

**キク科**

線路草《せんろそう》の別名があるほど、線路沿いによく生えます。北米原産で大正時代に渡来。春に白色や薄紅色の花をつけます。夏になると、そっくりのヒメジョオンにとって代わられます。つぼみがうなだれ、茎が中空なのが本種です。

ハルジオン

## エノコログサ

### イネ科

日本人なら誰もが知っている野草のひとつ。ネコジャラシの愛称で親しまれていますが、本名も犬《えの》ころ草で、動物の名前がつきます。風に吹かれて揺れる姿は、なるほど子犬がしっぽをふっている様子によく似ていますね。

**エノコログサ**

## キンエノコロ

### イネ科

秋の夕日に照らされて、キラキラと輝く黄金色のキンエノコロ。懐かしくて、幻想的な風景です。柄ごと摘んで、穂をライターであぶると、ポンポン菓子のように白くはぜます。お醤油をたらせば、香ばしいつぶつぶあられに。

**キンエノコロ**

**セイタカアワダチソウ**

## セイタカアワダチソウ

### キク科

ひと昔前は、河川敷や原っぱがこの花で埋めつくされ、喘息や花粉症の原因だと嫌われましたが、現在では病因の疑いも晴れ、生態系にも馴染んできたようです。もくもくと泡立つ黄色の花からとれる蜜はとても美味しいとか。

## チカラシバ　イネ科

昔、理科実験室にぶら下がっていた試験管洗い用ブラシにそっくりな、秋の野草。ちょっとした原っぱに、株をつくって生えています。名前の由来は、大地にしっかり根をはって、かんたんに引き抜けないほど丈夫だからです。

チカラシバ

## タネツケバナ　アブラナ科

種もみを水につけ、苗代の準備をする頃に田のあぜで咲く花、の意味。水田がなくなった今も、この花は忘れずに時を告げています。ナズナによく似ていますが、全体にやわらかく、花も葉も茎も食用。ゆでて酢味噌あえに。

タネツケバナ

## シロツメクサ　マメ科

江戸時代にオランダから送られたガラス器が壊れないよう、この野草を乾燥させて詰めものにしたのが語源。牧草として渡来したものが野生化し、全国に広がりました。若葉は柔らかく、ベーコンなどと一緒に炒めると美味。

シロツメクサ

ヨモギ

## ヨモギ　キク科

一面の枯れ野に、白い綿毛で覆われた銀緑色のヨモギの若葉を目にすると、春の息吹きを感じるもの。この若葉で草餅をつくります。成長して１mもの高さになっても残る葉の裏面の綿毛は、もぐさの原料として有名です。

カタバミ

## カタバミ　カタバミ科

道ばたや植えこみの隅などで、可憐な黄色い花をつけます。夕方になると睡眠運動により閉じた葉の形が、半分食べられたように見えることから、片喰《かたばみ》と名づけられました。葉は、ヤマトシジミという小さなチョウの食草です。

ムラサキカタバミ

## ムラサキカタバミ　カタバミ科

南米原産の帰化植物で、もともと観賞用として輸入されたものが各地で野生化しています。紅紫色でラッパの形をした花を咲かせますが、日本では結実せず、もっぱら地下にラッキョウのような鱗茎をつくって増えます。

## ヒメアカタテハ

**タテハチョウ科**

タテハチョウの仲間のなかでは小型で、模様も繊細で、丸みのあるシルエットは、「ヒメ」の名のとおりですが、行動範囲は広大で、世界中に分布しているチョウ界のコスモポリタンです。秋になると、よく見かけます。

ヒメアカタテハ

## ベニシジミ

**シジミチョウ科**

都会で見かけるシジミチョウの中で、最もあでやかな種類。美しい夕やけ色のはねで、元気に飛びまわります。幼虫はスイバやギシギシなど、タデ科の植物を食べる「蓼《たで》食う虫」。

ベニシジミ

## モンキチョウ

**シロチョウ科**

鮮やかなレモン色のはねで、忙しそうに花から花へと飛びまわります。オスのはねにはピンク色の縁《ふち》どりがあり、とてもおしゃれ。メスには黄色型と白色型があるので、白いのにモンキチョウということも。活動期4～10月。

モンキチョウ

オオカマキリの卵のう

## オオカマキリの卵のう

**カマキリ科**

モノトーンの世界になってしまった冬の立ち枯れの中に、カマキリの卵を見つけることがあります。シュークリーム型であれば、それはオオカマキリのもの。正しくは卵のうといい、約２００個もの卵を守るゆりかごです。

アキアカネ

## アキアカネ

### トンボ科

秋、尾久の原公園はトンボ一色。池の上を赤トンボが飛び交い、まさに日本の原風景といった感じです。6月頃、この池で生まれたアキアカネたちが、暑い夏を高原で過ごし、唐辛子色に成熟して帰って来たのです。

シオカラトンボ

## シオカラトンボ

### トンボ科

オスの体が白く塩をふいたように見えるので、この名がつきました。都会でもまだまだポピュラーなのは、少し汚れた水質の場所に棲むトンボだから。メスは黄色っぽい体をしているので、麦わらトンボと呼ばれることも。

ノシメトンボ

## ノシメトンボ

### トンボ科

胸の模様が、武士の礼服の織柄の「熨斗目模様《のしめもよう》」に似ていることから名付けられました。はねの先が褐色なのがトレードマーク。日本最大の赤トンボで、ゆっくり飛び、枝先などによくとまるので、じっくり観察できます。

アジアイトトンボ

## アジアイトトンボ

### イトトンボ科

イトトンボの仲間は、その昔、「灯心《とうすみ》トンボ」と呼ばれていました。灯油に浸して火をともす細い糸のような部分を灯心と言いますが、それに似ているからです。アジアイトトンボは、なかでも、最も普通に見られる種です。

## アメリカザリガニ

### ザリガニ科

名前のとおり中米出身。大正時代に、食用のウシガエルの餌として輸入されましたが、各地で逃げたり放されたりして野生化。繁殖力が強く、汚れた水でも平気なので、日本産のザリガニを圧倒、駆逐してしまいました。

アメリカザリガニ

モツゴ

## モツゴ　コイ科

日本全国の川や池、湖に棲む、全長約８cmの淡水魚。関東ではクチボソという別名で呼ばれ、親しまれています。最近では、外来のブラックバスやブルーギルが放され、在来魚を食べてしまうので、数が減ってきています。

コサギ

## コサギ　サギ科

いわゆる白鷺のなかで、最も小さく、一年中見られます。チャームポイントは、黒い嘴《くちばし》と、黄色いソックスをはいた足。川や池で、さかんに歩きまわりながら小魚やザリガニなどを食べます。夏の飾り羽はレース模様。

ハシボソガラス

## ハシボソガラス　カラス科

都心で何かとお騒がせなのは、嘴の太いハシブトガラスですが、このあたりでは、カントリー派のハシボソガラスも活躍中です。嘴が細く、しゃがれ声で鳴くのが特徴。車にくるみを轢かせたりと、かなりの頭脳派。

ニホンアマガエル

## ニホンアマガエル

### アマガエル科

かつては、庭の生垣に棲みつき、天気予報をしてくれた、なじみ深いカエル。最近ではあまり見かけなくなってしまいましたが、梅雨時にはケロケロ……と涼やかな鳴き声が聞こえることも。体の色を変えることも有名。

カワウ

## カワウ　ウ科

東京の空を、隊列を組んで「鉤《かぎ》になり、桿《さお》になり」飛んでゆくカワウ。翼を広げるお得意のポーズは、油分が少なく、水をはじかないために重くなってしまった翼を乾かすため。潜水して魚を捕らえ、「鵜呑み」にします。

ユリカモメ

## ユリカモメ　カモメ科

東京都の鳥として、都民に愛される冬鳥。白い体に紅色のくちばしと足が美しく、古くから「都鳥《みやこどり》」として歌に詠まれたほど。優美な姿とは裏腹に、気性は荒く、悪食で、ハシブトガラスとケンカしても負けてはいません。

オオヨシキリ

## オオヨシキリ　ウグイス科

俳句の夏の季語にある、「行々子」という鳥は、このオオヨシキリです。初夏にわたってきて、ヨシなどの茎にとまり、日中だけでなくときには夜間も、「ギョシギョシケケシケケシ……」と大きな声で歌いつづけます。

25 町屋駅前

# 下町を堂々と走り

下町の情緒と庶民の生活をのせてチンチン電車が走る街。四方八方賑やかに商店が並び、昔ながらの下町風情を漂わせている町屋。

町屋は都電と地下鉄千代田線、京成線の三路線の交差点。商店街、学校、病院、公共施設も整い、かつては停留所脇まで張り付いていた商店や飲食店は再開発で消え、巨大なショッピングビルで町屋駅前は大きく変わった。

町屋駅前では京成電鉄と荒川線の出会いが楽しめる。高架線を走る京成電鉄とその下を潜る都電が交差して行くのが停留所から見える。

町屋駅

トコイ

# 26 荒川七丁目

## むかし三河島
## いま荒川二丁目

京成電鉄のガードを潜ると大きなカーブ、その直前に荒川七丁目駅。開通当初は「博善社前」という停留所名だった。近くに東京博善町屋葬祭場がある。大きな緑の空間、荒川自然公園や三河島下水処理場と野球場がある側を通って「荒川二丁目」へ。当初は「三河島」が停留所名であったが、新住居表示によって三河島の地名が無くなってしまい、昭和三七年から現在の停留所名となった。

スナック

27 荒川二丁目

# 紫陽花を新型電車走って揺らし

28

# 荒川区役所前

## 変わり続ける街　変わらない街

三河島公園と荒川公園のそばに荒川区役所の大きな建物が見える。

王子電気軌道時代は「千住間道」という停留所名だったが、昭和一七年に市電に統合されて「三河島二丁目」と改称され、さらに昭和三七年の新住居表示によって「荒川区役所」となる。昭和五二年から現在の停留所名に変更された。

線路は専用軌道沿線、周辺は家内工業や町工場が多く庶民的な雰囲気の路地裏、線路に背けた変わらない街の建物の間を走る。

# 29 荒川一中前

平成二十一年二月二十二日新駅誕生

# 30 三ノ輪橋

## 東のターミナル 下町情緒あふれる「三ノ輪橋」

日光街道に面して古い三階建のビルがある。むかし「王電ビル」といった。いまも「早稲田・王子方面」都電荒川線入口になっている。

平屋の幅三メートルほどのアーケード。角にはくだもの屋さん、両側には和菓子の店、ラーメン屋、日本そば屋、老舗の煎餅屋など、昔の映画に登場しそうな風景。駅を出るとすぐに焼き鳥のうまい肉屋があった。

バラの花がきれいに咲く三ノ輪橋駅は「関東の駅百選」に選定（一九九七年）されている。

ホームはモザイク模様のタイル張、停留所脇には赤い小さな鳥居が今日も街と電車を見守っている。

路線クロスポイントが撤去され二車線から一車線となった。

早稲田から一二・二キロメートル、四八分の電車の旅、ここ三ノ輪橋で終点になる。

早稲田・王子方面
都電荒川線入口
三ノ輪橋商店街

草加せんべい
TEL(807)0501
岡田商店

立喰そば
早稲田 王子
都電荒川線入口
そばうどん

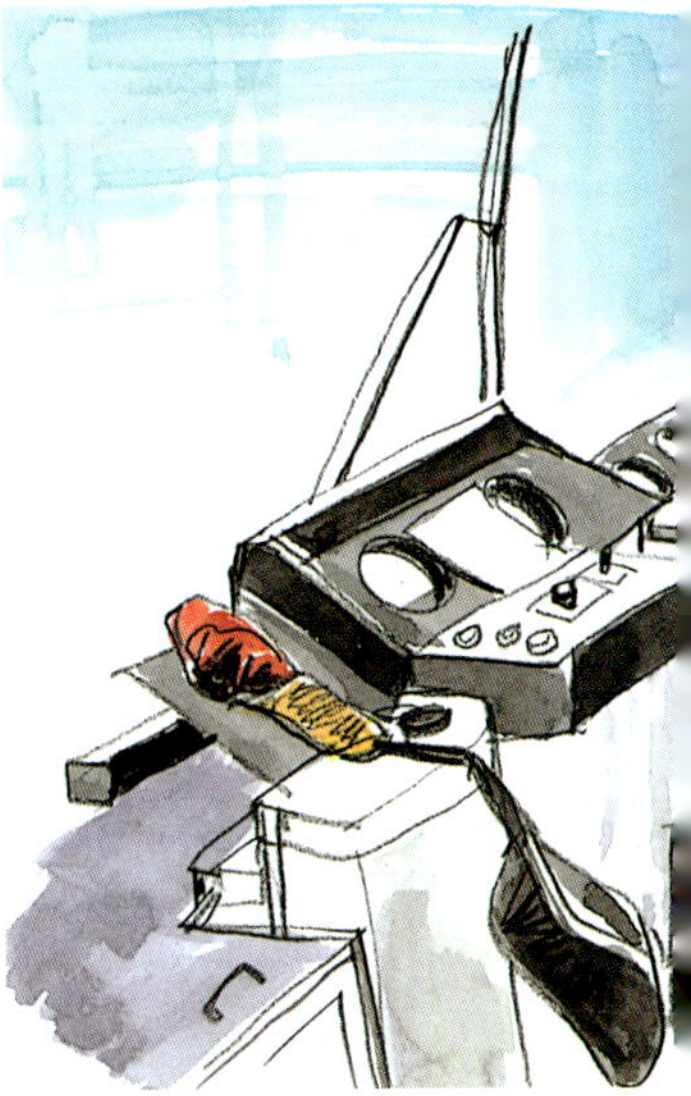

# 一二・二キロメートル三〇駅を絵描き抜けて！

食堂
シゲちゃん

# 都電回廊　動植物図鑑
## 町屋駅前〜三ノ輪橋

### 夕鴨と薔薇垣の道

町屋駅前を出るとまもなく、進行方向左側に、都下水処理場が見えてきます。じつは、この処理場の上がすばらしい公園になっているのです。その名は、荒川区立荒川自然公園。荒川二丁目駅から歩いてわずか三分ほど。駅を降りると、ゆるやかなスロープがあり、それを登りきったところが公園ですが、その前にもし季節が初夏から初秋くらいであるならば、スロープ下の線路に沿った小道に、ちょっとの間、たたずんでみるとおもしろいでしょう。モンシロチョウ、スジグロシロチョウ、アゲハ、クロアゲハなどが、かなりの頻度で目の前や頭上を通過していきます。この小道は、どうやら蝶道（様々なチョウが通る決まったルート）になっているようなのです。

さて、公園へ入ると、まず木々の花々が目につきます。ヒイラギナンテン、ヤブツバキ、ドウダンツツジ、サクラの仲間……などなど。しかし、なんといっても圧巻は、冬のカモたちでしょう。決して広いとは言えない園内の池に、オナガガモ、ハシビロガモ、キンクロハジロ、ホシハジロなど、多くのカモたちが渡ってくるのです。下町情緒あふれる終点の三ノ輪橋駅は、四月下旬から五月初めにかけて、駅全体がバラ園のようで、とてもきれいです。

ドウダンツツジ

### ドウダンツツジ　ツツジ科

写真は、まだかたい新芽のアップです。落葉後間もないクリスマスの頃には、もうこのように来春の準備をしています。まるでクリスマスキャンドルですね。春に咲く白い鈴のような花と、朱赤に染まる紅葉が美しい木です。

ニシキギ

### ニシキギ　ニシキギ科

もみじの頃のニシキギは、葉も果実も、すべてが燃えるような赤一色。まさに錦を織りなしたように豪華です。また、枝の両側に張り出すコルク質の翼はおもしろく、冬になり、葉が全部落ちた後も個性を主張しています。

ハナミズキ

### ハナミズキ　ミズキ科

１９１５年、東京からワシントンに贈ったサクラの返礼として渡来した木。現在では街路樹や庭木として人気です。５月初めに、白やピンクの苞《ほう》が美しい花を、葉と同時につけます。紅葉も見事で、赤く熟した実は果実酒に。

ベニカナメ

### ベニカナメ　バラ科

カナメモチの１品種。荒川二丁目駅周辺の美しく刈り込まれた生け垣。４～5月の新芽は、紅色に輝いて、人目を惹きます。名前の由来は、昔、扇の要《かなめ》をつくったためとか。新芽が赤いことから、アカメモチと呼ばれることも。

シナレンギョウ

### シナレンギョウ　モクセイ科

中国原産の落葉低木で、古くから観賞用として栽培されてきました。公園や日本庭園などに多く植えられます。葉に先がけて、レモン色の花を枝いっぱいに咲かせ、春を告げます。かつてはイタチグサと呼ばれていたとか。

オランダミミナグサ

## オランダミミナグサ

### ナデシコ科

耳菜草という名前は、葉がネズミの耳に似ているからだとか。ヨーロッパ原産の帰化植物で、今では各地に広まっています。ハコベによく似ていますが、こちらの方が毛深く、花が密集してつくことで見分けられます。

ハコベ

## ハコベ

### ナデシコ科

身近にあるからこそ知らないこと、ありますよね。ハコベの花びらは何枚でしょう？正解は５枚。一見１０枚ですが、カニのはさみのように深く裂けているのです。一度じっくり見てみて下さい。バター炒めも美味なので、お試しあれ。

カラスノエンドウ

## カラスノエンドウ

### マメ科

５月、うららかな日ざしの中で、一番目立つ野草ではないでしょうか。元気なピンク色の花と、さやえんどうのミニチュア版ともいうべき実が目印。さやを笛にしたり、若葉をおひたしにしたり。虫たちも大好きです。

## ジャノヒゲ

**ユリ科**

ゆっくりと流れる車窓を眺めていると、丹精こめて育てられた庭木に目を奪われます。植木の根元や花壇の端にはジャノヒゲ。花の少ない季節に、碧色の宝石のような実を、夏には、髭のような葉の間に薄紫色の花をつけます。

ジャノヒゲ

## オオイヌノフグリ

**ゴマノハグサ科**

三寒四温という言葉がまだ似合う春の野に、瑠璃色のスカーフを広げたように群生します。太陽が大好きで、曇り空では花を開いてくれないほど。ブルーの花びらは基部でつながっているので、カクテルなどに浮かべてもきれい。

オオイヌノフグリ

## ナズナ　アブラナ科

別名ペンペン草の由来を子供たちに教えるには、まず三味線の説明を……という時代です。万葉の昔から、春の七草として親しまれてきた野草が根づく環境を伝えてゆきたいですね。食べられるのは、花の咲く前の葉です。

ナズナ

ヒマワリ

**ヒマワリ　キク科**

近年のヒート・アイランド現象で、東京の夏には記録的という言葉がつきものになっています。そんな猛暑にはヒマワリが似合います。日本へは江戸時代に渡来しました。種子が熟すと、スズメやカワラヒワでにぎわいます。

ムラサキサギゴケ

**ムラサキサギゴケ　ゴマノハグサ科**

小さなサギ（鷺）が、翼を広げて飛んでゆく姿を思わせます。このような形の花を唇状花と呼びますが、確かに、紅をさした唇の間から舌をペロリと出しているようにも見えますね。花期は4～5月。匐枝を出して増えます。

ヒメヒマワリ

**ヒメヒマワリ**
**キク科**

ガーデニング・ブームで、一口にヒマワリといっても、色々な品種が出回っています。写真も、そのうちのひとつ。他に花の白いもの、オレンジ色のもの、八重咲きのものなども。姫ひまわりの名で売られることが多いです。

ネジバナ

## ネジバナ（モジズリ）　ラン科

その名のとおり、らせん状に花が連なっています。巻き方は、左巻きと右巻き両方あり、たまに、途中から巻き方を変える気まぐれやさん!? もあります。花期は5～8月。芝地などに、ポツリポツリと生えています。

アジサイ

## アジサイ　ユキノシタ科

梅雨時の沿線で、とても目立つ花のひとつです。全部がかざり花の、いわゆる普通のアジサイのほかに、中央部に両性花（種子をならせることのできる花）、周辺部にかざり花を咲かせる、ガクアジサイなども見られます。

## アカスジキンカメムシの幼生

### カメムシ科

カメムシ＝くさいということで、敬遠されがちですが、よく見ると個性派ぞろいで面白いもの。写真の幼生の体を見つめていると、大きな口を開けて笑っている人の顔のように思えてきませんか。落ち葉の裏で越冬しています。

アカスジキンカメムシの幼生

## クビキリギス

### キリギリス科

やっと暖かくなった頃、草むらや垣根から「ジィ――ン」と大きな声が聞こえてきたら、それは成虫で冬を越したクビキリギスの声です。捕まえるときには要注意。すごい力で咬みついて、引っぱると首が切れるほどなのです。

クビキリギス

## アゲハ

### アゲハチョウ科

モンシロチョウとともに、最も有名なチョウであると同時に、最も街なかで見られるチョウでもあります。都電の沿線は、民家の庭などに、幼虫の食樹であるナツミカン、サンショウなどが多く、大きな産地となっています。

アゲハ

## クロアゲハ

### アゲハチョウ科

ツツジの仲間が咲き乱れている場所には、よくこのクロアゲハが蜜を吸いに来ています。真っ赤な花に、真っ黒なチョウがとまる光景は、ドキッとするほど鮮やかなものです。幼虫は、ナツミカンなどの葉を食べます。

クロアゲハ

イチモンジセセリ

## イチモンジセセリ

**セセリチョウ科**

太い胴体と三角形のはねをたたんでとまっている姿は、打ち上げ前のロケットのよう。茶褐色の地に一列に白い紋がならんでいます。これでも立派なチョウの仲間で、夏から秋にかけ、花の蜜をさかんに吸うのを見かけます。

アゲハの幼虫

## アゲハの幼虫

**アゲハチョウ科**

春、沿線のナツミカンやカラタチの葉が虫喰いになっていたら、探してみてください。忍法葉隠れの術で、緑色の幼虫が隠れているはず。さなぎになると、今度は茎のとげの擬態で野鳥の目を逃れます。無事チョウになってほしいものです。

オンブバッタ

## オンブバッタ

**バッタ科**

親バッタが子供をおんぶしているように見えることからついた名ですが、じつは、下の大きいほうがメス、上の小さい方がオスの夫婦バッタ。夏から秋にかけて、丈の低い草むらでよく見かけます。緑色型と褐色型があります。

キイロテントウ

## キイロテントウ

**テントウムシ科**

その名のとおり、黄色一色の体で、ちょっと小がらなテントウムシ。ラブリーな姿からは想像できませんが、腕ききのお医者さまです。患者さんは植物たち。葉についたウドンコ病の病原菌を食べてくれるのです。

ジョロウグモ

## ジョロウグモ

**コガネグモ科**

ジョロウ＝女郎ではありません。江戸時代の大奥の高位の職名である「上臈《じょうろう》」がその名の由来で、かつてはジョウロウグモと呼ばれていました。高貴なクモなのです。秋になると、黄金色の網を張り巡らし、獲物を待ちます。

キンクロハジロ

## キンクロハジロ

**カモ科**

これくらいわかりやすい名前もありません。目が金色で、全体に黒く、羽が白いカモなのです。もう、見たまんまです。上から見ると、昔懐かしい「湯たんぽ」そっくりの体形が愛らしい、シベリアからの使者（冬鳥）です。

ムクドリ

## ムクドリ

**ムクドリ科**

オレンジ色の嘴《くちばし》と脚とがチャーミングな、九官鳥の親戚です。その名の由来は「ムクノキの実が大好き」だからだそうですが、実際は芝生広場で餌をとっているイメージのほうが強い野鳥です。巣箱にもよく入ります。

ハシビロガモ

## ハシビロガモ

**カモ科**

名前の示すとおり、嘴が平べったい、ちょっと携帯用の靴べらを思わせる形をしているカモ。冬鳥として秋になると渡ってきます。オスは、マガモのオスにちょっと似た感じの派手な装い。荒川自然公園の池などで出会えます。

## オナガガモ

### カモ科

人間に馴れやすいカモです。このカモの行動を見て、他の種類のカモたちも、人間に近づいてきます。オスは、ツンと長い尾羽が見事。冬鳥で、秋になると遠いシベリアから荒川自然公園の池などに、群れでやってきます。

オナガガモ

## カルガモ

### カモ科

おかしいですねえ、このカモ、カモのなかでは重たいほうなのですが……。じつは、渡り鳥ではないので夏でもほぼ同じ場所にいる種であることから「夏《か》留《る》鴨《がも》」という字をあてるという説も。これなら納得ですね。

カルガモ

## ホシハジロ

### カモ科

冬鳥。真っ赤な目がとても印象的です。本種とキンクロハジロは、海ガモと呼ばれるグループに所属するカモです。どちらかというと海や海の近くを好み、ゴボッと潜水して餌を捜すのが特徴です。

ホシハジロ

## マガモ

### カモ科

カモと聞くと、まずこのカモを思い浮かべる人が多いことでしょう。オスの鮮やかな緑色の首は、光線状態によっては、紫色や青色にも見えます。沿線の水辺で見られますが、数はそんなに多くはありません。

マガモ

あとがき

東京を四〇余年、見て、歩いて、描いた。東京が大好き。見えたものを率直に、分かり易く、感性だけで描き続けた東京風景。テーマを決めて描いたら「東京　都電回廊の自然」の本になった。

東京は日々変貌し続けている。戦後大きな変わり方が何回かあった。まず戦火による破壊的なダメージを受けた東京の市街、戦後再建による復興。東京オリンピック開催にあわせた都市整備計画により、高速道路・東海道新幹線が開通し、立体的な街に変貌した。そして、東京という街の光景を大きく変えたのは、永年親しまれ、愛されてきた都電もその例外ではない。

東京都内を全四一系統の都電が走っていたが車社会による交通事情が深刻化し路面電車の大部分が消えた。それにより東京の街並み景観が一変し、その中で唯一、荒川線だけが残った。早稲田〜三ノ輪橋までの三〇駅、路線の殆どが専用軌道を走っている。

その路線の両脇には緑が多く、沢山の草木花が植えられ、鳥や昆虫、動物までいる。荒川線をグリーンベルトとしてみて、「緑の回廊」としたのが、優しく自然に触れている、プロ・ナチュラリストの佐々木洋さん。一二・二キロの路線に豊かな自然があり、周辺は学園、公団、霊園など緑地にも恵まれていることから、路線自体を野生生物たちの移動する「回廊」と位置づけた。タイトルも「東京　都電回廊の自然」として私の水彩画約九〇点と、佐々木さんの動植物の写真、解説を入れての共著となった。

桜、満開の季節から始まり、五、六駅を二人で歩いた。小千登勢橋からの新宿副都心、雨と紫陽花の中を走る都電、四の日の縁日の「すがも地蔵詣で」の大勢の人、鬼子母神の色づいた銀杏と欅並木、雪の中の巣鴨新田あたり。

都電と共に歩いて描いた荒川線。都電への「思い」を表現することの難しさを改めて感じ、オニヤンマのパトロールを横目に一路線ながら特徴ある風景を描いてみました。何処かひとつでも印象に残るものがあれば、何よりの喜びです。

初めての共著、お互いの真価を発揮し作り出すことができましたこと、快く出版に導いて下さった、冬青社代表　髙橋国博氏と編集担当の小川史乃さんに心より感謝いたします。

平成一三年盛夏

小野　誠一郎

**小野　誠一郎　　　おの　せいいちろう**

1935年、土浦市に生まれる。1958年東京スケッチ始める。□1964年第一回LOVING東京スケッチ展□全国絵はがきコンクール金賞受賞□東京都「とうきょう広報」「週刊きちじょうじ」「東京消防」誌表紙絵□朝日新聞「東京ある記」読売新聞「水辺の光景」下町タイムス「東京わが街」連載□消防庁「文化財防火ポスター」「JRポスターカレンダー」「NTTカレンダー」□旧郵政省絵はがき「東京の市めぐり」「茨城の海」「茨城県版93年年賀はがき」□葛飾区「かつしか水辺の美術館」「ザ・ふるさと東京彩画集」「東京水辺の光景」発刊□絵はがき「隅田川八景」「かつしか野」「寅さん記念館」他□個展・グループ展多数。

現住所　東京都葛飾区西新小岩4－36－3
アトリエ　喜多方市岩月町樫野字遠下前

**佐々木　洋　　ささき　ひろし**

プロ・ナチュラリスト。1961年、東京都に生まれる。日本では数の少ないプロの自然案内人として、国内・外を舞台に、自然に関する講演、執筆、写真撮影、テレビやラジオ番組への出演や監修、ツアーのガイドなどとして活躍中。東京を中心とした都市の自然解説は、最も得意とする分野である。□都市動物研究会理事長□TBSラジオ全国こども電話相談室　自然担当回答者□日本水大賞顕彰制度委員会審査部会委員□日本自然科学写真協会会員□東京電力　TEPCOペアウォッチング体験ツアー　チーフインストラクター□著書　「都市動物たちの事件簿」（NTT出版）、「野遊びハンドブック」（光文社）他多数。

プロ・ナチュラリスト佐々木洋事務所
東京都渋谷区恵比寿1－10－5、中田ビル302号
TEL　03-5420-0761
FAX　03-5420-0764

# 東京　都電回廊の自然

著者：小野誠一郎 ©　佐々木洋 ©
2001年8月25日　第1刷印刷
2001年9月 5 日　第1刷発行

写真提供　かとう まさゆき　p92 アジアイトトンボ　p118 アゲハ・クロアゲハ

装　幀：中野多恵子

編　集：小川史乃
発行者：髙橋国博
発行所：株式会社冬青社
〒164-0011　東京都中野区中央5-18-20
TEL03-3380-7123　FAX03-3380-7121
振替　東京3-135161
印刷・製本：株式会社東京印書館
Printed trade　佐々木政美

ISBN4-924725-96-X C0070
価格はカバーに表示してあります。落丁・乱丁本誌お取り替え致します。